Inhalt

Karlo Konfetti Lara

- Im Heft findest du Regeln und Tipps, die dir beim Lösen der Aufgaben helfen.
- Aufgepasst:
  Die Aufgaben mit einer  sind etwas schwieriger.
- Lege die  auf die roten Lösungsfelder, dann werden die richtigen Ergebnisse sichtbar.
- Lege ein leeres Heft bereit, in dem du die Aufgaben rechnen kannst.

So kannst du auch sagen:

addieren	–	zusammenzählen
subtrahieren	–	abziehen
multiplizieren	–	malnehmen
dividieren	–	teilen

Rechenrätsel bis 1000

1 Detektiv Karlo hat eine Geheimschrift erfunden. Bei dieser Geheimschrift gehört zu jedem Buchstaben des Alphabets eine Zahl.

Benutze die Geheimschrift für die folgenden Aufgaben.

A = 10	B = 20	C = 30	D = 40	E = 50
F = 60	G = 70	H = 80	I = 90	J = 100
K = 110	L = 120	M = 130	N = 140	O = 150
P = 160	Q = 170	R = 180	S = 190	T = 200
U = 210	V = 220	W = 230	X = 240	Y = 250
Z = 260	Ä = 270	Ö = 280	Ü = 290	

Karlo schreibt Geheimbotschaften an seine Freunde. Er verschlüsselt zuerst die einzelnen Buchstaben ihrer Namen und rechnet dann alle Zahlen zusammen. Kannst du ihm helfen?

a) Tina $200 + 90 + 140 + 10 = 440$

b) Peter ______

c) Anna ______

d) Doris ______

e) Erna ______

2 Was hat Karlo seinem Freund Peter geschrieben? Trage die richtigen Buchstaben in die Kästchen ein.

50	190	190	50	140	230	90	180	50	90	140	50	90	190	?
														?

3 Versuche, die Geheimbotschaft zu entziffern.
Rechne so: 80 + 10 + 120 + 120 + 150 = 480
H A L L O

40 + ________ = 250

80 + 10 + ________ + 200 = 480

10 + 120 + ________ + 50 + 190 = 490

180 + 90 + 30 + 80 + ________ + 90 + 70 = 740

70 + 50 + 130 + 10 + 30 + ________ + 200 = 570

Lösungssatz: ________________________________

____

4 Schreibe selbst eine Geheimbotschaft.
Verschlüssle den Satz: WER DAS KANN, IST FIT.
Zähle die Zahlen jeder Zeile zusammen.

WER ________________________________

DAS ________________________________

KANN ________________________________

IST ________________________________

FIT ________________________________

5 Wie heißen die anderen Freunde von Lara und Karlo?

10 + ________ + 50 + 240 = 420

100 + 50 + ________ + 190 = 480

________ + 50 + 200 + 180 + 10 = 600

Alle Rechenarten bis 1000

1 Die Kinder der Klasse 4 a überlegen sich Rechenrätsel. Pia denkt sich eine zweistellige Zahl und vertauscht die Einer- und Zehnerziffer. Dann dividiert sie die Zahl durch 2 und erhält die Zahl 16. Wie heißt Pias Zahl?

Rechnung: ______________________________

Antwort: ______________________________

2 Kannst du auch Jans Zahlenrätsel lösen?
Bei welcher Mauer steht als oberste Zahl 1000?
Die Zahlen auf den zwei unteren Steinen ergeben zusammengerechnet die Zahl auf dem Stein darüber.

3 a) Tina schreibt alle Zahlen zwischen 200 und 250 auf, die sich durch 3 teilen lassen. Hilfst du ihr?

201, 204, ______________________________

____

b) Welche Zahlen aus der Lösung von Aufgabe a) lassen sich durch 2 teilen? Notiere:

____

4 Stefans Rätsel ist ziemlich schwierig:
Wie gehen die Zahlenreihen weiter?

486 → 498 → 510 → ☐ ☐ ☐ ☐ ☐ ☐ ☐ ☐

+ 12

953 → 928 → 903 → ☐ ☐ ☐ ☐ ☐ ☐ ☐ ☐

______

314 → 328 → 342 → ☐ ☐ ☐ ☐ ☐ ☐ ☐ ☐

______

5 Bei diesem Rechenrundlauf sollen die erste und die letzte Zahl gleich sein. Stimmt das?

500 — + 460 — ☐ → — − 600 — ☐ → — : 2 — ☐

→ — : 90 — ☐ → — • 450 — ☐ → — − 555 — ☐

→ — • 2 — ☐ → — − 190 — ☐ →

6 Jede Rategruppe bekommt Punkte.
Welche Gruppe führt am Ende? Rechne aus.

Gruppe A: 389 + 427 = ______

Gruppe B: 888 − 470 = ______

Gruppe C: 364 + 576 = ______

Gruppe D: 995 − 599 = ______

Rechnen bis 1 Million

1 Marek übt die Nachbarzahlen.
Schreibe die Nachbar-Hunderter dieser Zahlen auf.
Der Tipp hilft dir dabei.

______	2835	______
______	3785	______
______	3942	______
______	6054	______
______	7536	______
______	8672	______

Tipp Für die Nachbar-Hunderter ist nur die Hunderterzahl entscheidend, nicht die Einer und Zehner.
Beispiel: THZE
7500 7594 7600

2 Schreibe die Nachbar-Tausender auf.

a) 68 000 68 354 69 000
b) ______ 89 362 ______
c) ______ 21 051 ______
d) ______ 40 963 ______

3 Größer, kleiner oder gleich? Trage das richtige Zeichen zwischen den Zahlen ein.

930 000	>	390 000
569 231		569 231
258 141		521 457
202 020		121 212

452 000		524 000
578 680		568 780
473 691		196 347
876 678		786 687

4 Verbinde die Zahlen mit dem passenden Wort.

a) siebzehntausend

b) einhundertsiebenundsiebzigtausend

c) siebenundsiebzigtausend

d) siebenhundertsiebzehntausend

Regel

M	HT	ZT	T	H	Z	E
1	0	0	0	0	0	0

Eine Million (M) hat 1 000 Tausender (T).
Jeder Hunderttausender (HT) hat 100 Tausender.
Jeder Zehntausender (ZT) hat 10 Tausender.

5 Ergänze die Zahlenfolge. Überlege dazu, welcher Rechenschritt von der ersten zur zweiten Zahl gemacht wird und führe diesen fort.

200 000	350 000				
______					
690 000	740 000				
______					
450 300	450 600				
______					

6 Zähle laut in 500er-Schritten von 120 000 bis 205 500.

Halbschriftliche Addition

1 Tim und Anne kaufen Lose auf dem Jahrmarkt. Wie viele Punkte brauchen sie insgesamt, um das Handtuch und die Luftmatratze zu gewinnen? Addiere halbschriftlich. Der Tipp hilft dir.

____

____

____

____

Sie brauchen insgesamt ______ Punkte.

Tipp Du kannst halbschriftlich addieren, indem du die Zahlen zerlegst.

Beispiel:

123 + 264 = 387

123 + 200 = 323	1. Hunderter der zweiten Zahl addieren
323 + 60 = 383	2. Zehner der zweiten Zahl addieren
383 + 4 = 387	3. Einer der zweiten Zahl addieren

Oder so:

123 + 264 = 387

100 + 200 = 300	1. Hunderter der beiden Zahlen addieren
20 + 60 = 80	2. Zehner der beiden Zahlen addieren
3 + 4 = 7	3. Einer der beiden Zahlen addieren
	4. Zum Schluss alle Teilergebnisse addieren: 300 + 80 + 7 = 387

2 Mit welchem Los gewinnt man welchen Preis? Rechne die Aufgaben in deinem Heft und verbinde.

a) 613 + 275 = ______

b) 828 + 115 = ______

c) 374 + 416 = ______

d) 387 + 242 = ______

3 Je zwei Lose haben die gleiche Punktzahl. Welche?
Male die passenden Lose in der gleichen Farbe an.

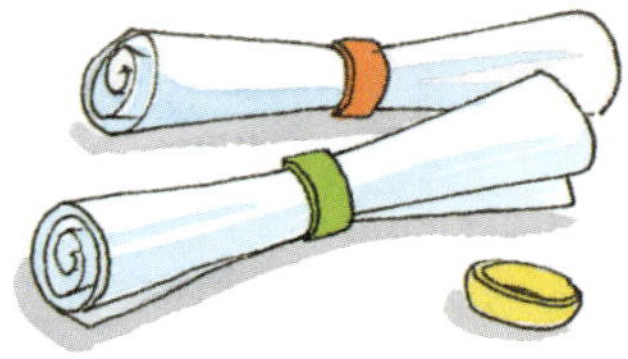

324 + 539

512 + 119

228 + 635

414 + 217

613 + 199

333 + 479

4 a) Vor der Losbude ist eine Menge los.
Welches Kind gewinnt den Stoffelefanten?
Rechne die Aufgaben und kreuze an.

145 + 437 = ______

238 + 325 = ______

178 + 318 = ______

115 + 398 = ______

b) Rechne aus, wie viele Lospunkte alle Kinder zusammen haben.

Gesamtpunktzahl: ______

5 Karlo hätte gerne das Fahrrad für 2 400 Lospunkte.
Reichen ihm dafür die Punkte auf seinem Los?
Rechne aus und schreibe die Antwort auf.

1 568 + 828

Antwort: ______________________

____

Halbschriftliche Subtraktion

1 In Katjas Heimatstadt wohnen 4 970 Menschen. 3 850 davon sind älter als 18. Wie viele sind unter 18 Jahre alt? Der Tipp hilft dir beim Rechnen.

______ [redacted] Menschen sind unter 18 Jahre alt.

Tipp Du kannst halbschriftlich subtrahieren, indem du die Zahlen zerlegst.

4 630 – 2 510 = 2 120

4 630 – 2 000 = 2 630	1. Tausender der zweiten Zahl subtrahieren
2 630 – 500 = 2 130	2. Hunderter der zweiten Zahl subtrahieren
2 130 – 10 = 2 120	3. Zehner der zweiten Zahl subtrahieren

2 Katja rechnet aus, wie viele Menschen in den Nachbarstädten unter 18 Jahre alt sind. Hilfst du ihr dabei? Rechne wie im Tipp.

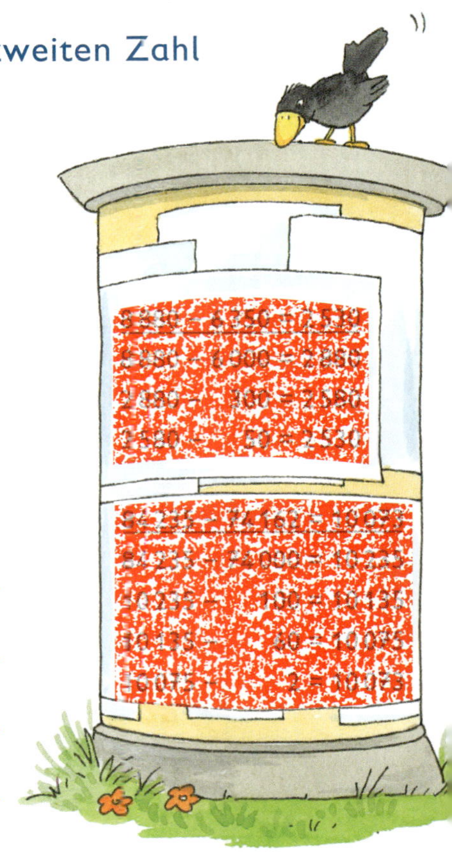

1. Stadt

8 880 – 6 350

2. Stadt

84 235 – 74 162

3 Rechne die Aufgaben in deinem Heft und verbinde sie mit den richtigen Einwohnerzahlen.

a) 895 250 – 80 000
b) 895 250 – 800 000
c) 895 250 – 8
d) 895 250 – 800
e) 895 250 – 8 000
f) 895 250 – 80

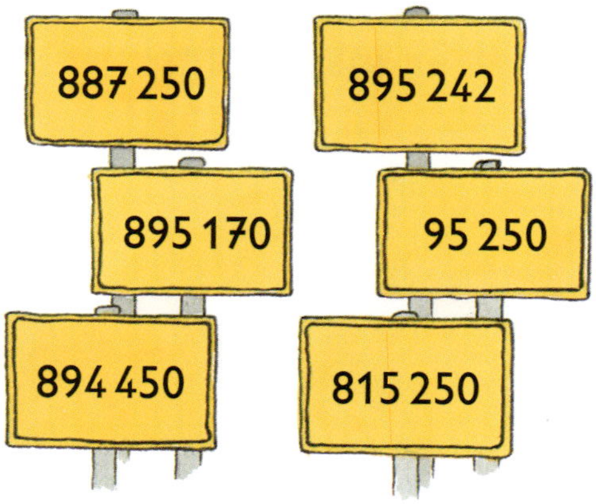

4 Wer hat sich hier verrechnet, Katja oder ihr Bruder? Rechne die Umkehraufgabe. Der Tipp unten hilft dir.

854 230 – 432 120 = 422 110
Probe: ____________________

689 730 – 442 330 = 247 400
Probe: ____________________

989 743 – 854 612 = 135 131
Probe: ____________________

876 868 – 753 825 = 123 043
Probe: ____________________

Tipp Rechne die Umkehraufgabe, um festzustellen, ob du richtig gerechnet hast.
Die Umkehrung einer Subtraktion ist eine Addition.

Aufgabe: 4630 – 2890 = 1740
Probe: 1740 + 2890 = 4630

Schriftliche Addition

1 Finn fährt oft mit dem Zug zu seiner Oma. Nach Hamburg sind es 276 km. Danach fährt Finn zu seinem Onkel ins 105 km entfernte Kiel. Wie viele Kilometer fährt er insgesamt?

H Z E

_____

\+ _____

_____

Antwort: ____________________

____

Regel So addierst du schriftlich:

H	Z	E
1	1	9
+ 4	4	2
	1	
5	6	1

1. Schreibe die Zahlen stellenrichtig untereinander.
2. Einer (E) addieren
3. Zehner (Z) addieren
4. Hunderter (H) addieren

Achte auf den Übertrag.

2 Rechne die Aufgaben auf den Gepäckstücken schriftlich in deinem Heft. Trage hier nur die Ergebnisse ein.

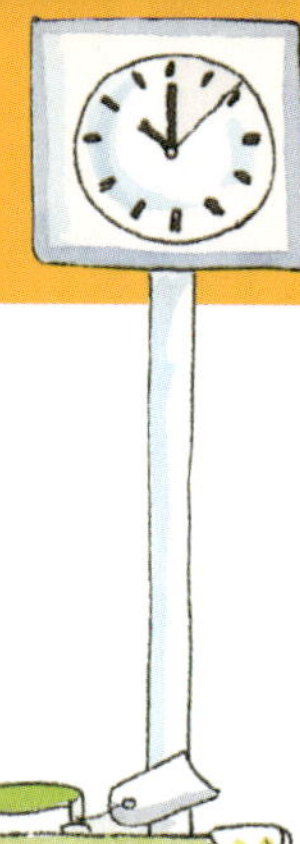

3 Finn findet auf dem Bahnsteig einen Teddybären.
In welchen Koffer gehört der Teddy?
Rechne und kreise den passenden Koffer ein.

4 Lara fährt 750 km nach Rom, von da aus 1 200 km nach Paris und dann 1 140 km nach Berlin.
Wie viele Kilometer sind das? Addiere schriftlich.

+

Antwort:

5 Folge Konfettis Weg zum Koffer. Rechne dabei die Aufgaben und trage die Ergebnisse ein.

352 – + 450 – ☐ → [redacted] – + 109 – ☐ → [redacted]

→ + 88 – ☐ – [redacted] → + 125 – ☐ – [redacted]

→ + 99 977 – ☐ – [redacted] – + 333 333 – ☐ →

Schriftliche Subtraktion

1 Luisa und Moni haben beide einen Kilometerzähler an ihrem Rad. Luisa ist schon 1 270 km gefahren und Moni 1 588 km. Wie viele Kilometer fehlen Luisa noch bis zu Monis Kilometerstand? Der Tipp hilft dir.

T H Z E

–

Antwort:

Tipp Subtrahiere, wie du es aus der Schule kennst.
Hier siehst du eine Möglichkeit (Ergänzen):
Beginne immer mit den Einern.
Rechne die Aufgaben von unten nach oben.
Beispiel:

T	H	Z	E
2	4	9	7
– 2	3	8	8
		1	
	1	0	9

Denn 8 + 9 ist gleich 17.
Denn 9 + 0 ist gleich 9.
Denn 3 + 1 ist gleich 4.
Denn 2 + 0 ist gleich 2.
Achte auf den Übertrag.

2 a) Wie groß ist hier der Unterschied der gefahrenen Kilometer? Subtrahiere schriftlich.

$$\begin{array}{r} 2963 \\ -1835 \\ \hline \end{array} \qquad \begin{array}{r} 8432 \\ -5521 \\ \hline \end{array} \qquad \begin{array}{r} 96573 \\ -82493 \\ \hline \end{array}$$

b) Welche Zahl erhältst du, wenn du die größte und kleinste Ergebniszahl aus a) voneinander abziehst?

3 Trage die fehlenden Zahlen ein.

a) 800 + 635 047 = ____________

b) 800 + ____________ = 35 642

c) 800 + 502 = ____________

d) 800 + ____________ = 58 960

4 Bilde Minusaufgaben und rechne schriftlich.
Schreibe deine Ergebnisse auf die Linie.

____________ [redacted] ____________ [redacted] ____________ [redacted] ____________ [redacted]

5 Bilde aus den Ziffern 3, 8, 6, 1, 9 und 7
die größtmögliche und die kleinstmögliche Zahl.
Ziehe die kleine von der großen Zahl ab.
Welche Zahl erhältst du?
Subtrahiere schriftlich in deinem Heft.

Die Zahl heißt: ____________________________

Zahlwort: ____________________________

____

[redacted]

Schriftliche Multiplikation

1 Dirks Eltern kaufen sich ein neues Auto. Dieses wiegt 1 198 kg. Der Autotransporter lädt 12 solche Autos. Wie viel kg sind das? Multipliziere schriftlich. Die Regel hilft dir.

Regel So multiplizierst du schriftlich:
Die kleinere Zahl steht rechts. Wenn diese Zahl zweistellig ist, beginnst du mit den Zehnern.
Achte beim Hinschreiben besonders auf die Stellenwerte.

```
3245 · 13
---------
  3245      1. Multipliziere mit den Zehnern
   9735     2. Multipliziere mit den Einern
   11
---------
  42185     3. Addiere die beiden Ergebnisse
```

2 Rechne die Aufgaben auf den Lkw-Reifen in deinem Heft. Trage hier die Ergebnisse ein.

3 Wie viel kg wiegen die Transporter?
Rechne und trage hier die Ergebnisse ein.

2 027 kg · 18 = ______

1 179 kg · 20 = ______

4 Auf den Tanksäulen fehlen die Ergebnisse. Trägst du sie ein?

a) 5 473 · 4 = ______

b) 7 916 · 7 = ______

c) 9 214 · 5 = ______

d) 8 527 · 6 = ______

e) 2 468 · 8 = ______

f) 3 597 · 3 = ______

g) 4 268 · 9 = ______

h) 63 982 · 10 = ______

5 Im Stau stehen 38 Autos mit je 3 Insassen und 61 Autos mit je 2 Insassen. In 102 Autos sitzt nur eine Person. Wie viele Leute stehen insgesamt im Stau?

Rechnungen:

Antwort: ______

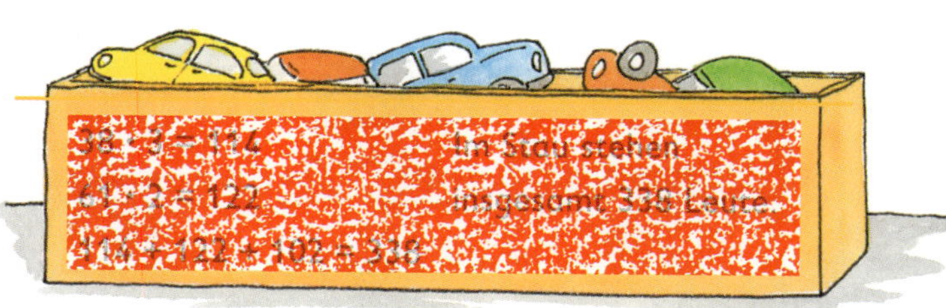

Schriftliche Division

1 Herr Hast kauft einen neuen Fernseher für 425 €.
Er zahlt in 5 gleichen monatlichen Raten.
Wie hoch ist jede Rate? Die Regel zeigt dir,
wie du schriftlich dividierst.

H	Z	E		H	Z	E

Antwort:

____

____

Regel So dividierst du schriftlich: Beginne immer beim höchsten Stellenwert, hier bei den Hunderten.

HZE ZE		
175 : 5 = 35	1 : 5	nicht teilbar
15	17 : 5 = 3	3 hinschreiben
25	3 · 5 = 15	Kontrolle
25	17 − 15 = 2	2 hinschreiben
0		5 herunterholen
	25 : 5 = 5	5 hinschreiben
	5 · 5 = 25	Kontrolle
	25 − 25 = 0	0 hinschreiben

2 Rechne die Aufgaben schriftlich in deinem Heft.
Trage hier die fehlenden Ergebnisse ein.

755 : 5 = ________

568 : 4 = ________

882 : 6 = ________

576 : 3 = ________

3 Wie hoch sind die Raten? Rechne in deinem Heft.
Schreibe die fehlenden Ergebnisse auf die Linien.

1 792 € zahlbar in 7 Monatsraten

in Höhe von ____________ €.

1 152 € zahlbar in 9 Monatsraten

in Höhe von ____________ €.

1 235 € zahlbar in 5 Monatsraten

in Höhe von ____________ €.

4 Welcher Kassenzettel gehört zu welchem Preisschild?
Verbinde die passenden Aufgaben.

4 578 : 7 | 7 608 : 8 | 2 556 : 3 | 1 845 : 5

369 | 654 | 951 | 852

5 Ein Computer mit Tastatur und Monitor kostet 1 936 €. Er kann in 8 Raten bezahlt werden. Wie hoch ist eine Rate? Dividiere schriftlich in deinem Heft.

Antwort: ______________________________

Das große Einmaleins

1 Silvia backt mit ihrer Oma verschiedene Kekse.
Sie legt in jede Reihe 11 oder 12 Kekse.
Trage die fehlenden Zahlen auf den Keksen ein.

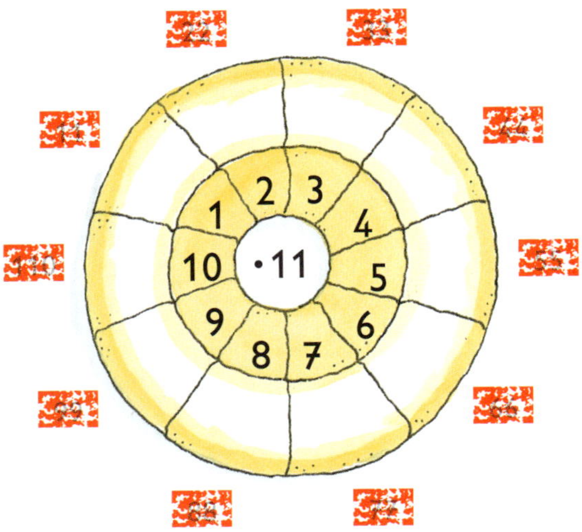

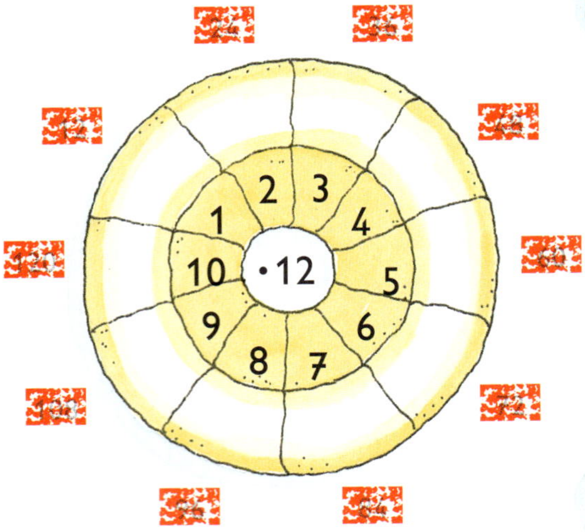

Tipp Zerlege jede Aufgabe in eine Aufgabe aus der 10er-Reihe und eine Aufgabe aus dem kleinen Einmaleins.

Beispiel: 3 · 15 = 3 · 10 + 3 · 5 = 30 + 15 = 45

2 Wie viele Kekse backt Silvia von jeder Sorte?
Rechne die Aufgaben wie im *Tipp*.

3 · 17 = ______________________

[redacted]

4 · 16 = ______________________

[redacted]

8 · 18 = ______________________

[redacted]

3 Willst du wissen, wie viele Kekse in der Dose sind? Ziehe alle Ergebniszahlen der Aufgabe 2 von 278 ab und multipliziere die Ergebniszahl dann mit 5.

Frage: ______________________________

Rechnung: ______________________________

____

Antwort: ______________________________

4 Was formt Silvia aus den Teigresten? Rechne aus und male die Felder mit den Ergebniszahlen an.

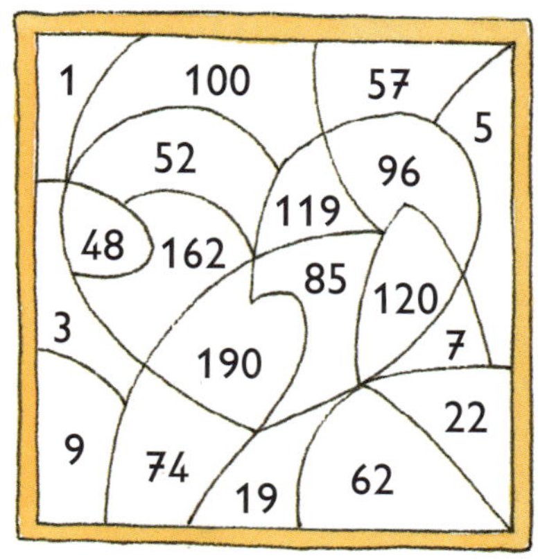

10 • 19 = __________ [redacted]   4 • 13 = __________ [redacted]

9 • 18 = __________ [redacted]   3 • 16 = __________ [redacted]

7 • 17 = __________ [redacted]   5 • 17 = __________ [redacted]

8 • 12 = __________ [redacted]   8 • 15 = __________ [redacted]

5 Hier fehlen die Ergebniszahlen. Trägst du sie ein?

•	13	15	16	17
2				
3				
4				
5				
6				
7				
8				
9				

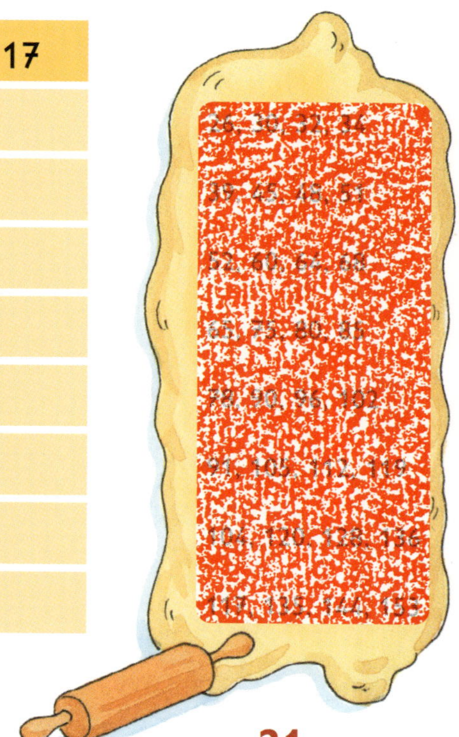

Rechenvorteile nutzen

1 Jasper besichtigt mit seiner Klasse eine Fabrik. Dort werden Puzzles hergestellt und verpackt. Wie viele Puzzleteile sind jeweils in einer Schachtel? Rechne die Aufgaben. Der Tipp hilft dir.

a) 10 · 10 = ________

b) 10 · 30 = ________

c) 10 · 50 = ________

d) 10 · 90 = ________

e) 10 · 200 = ________

f) 10 · 400 = ________

g) 10 · 600 = ________

h) 10 · 1 000 = ________

Tipp Bei Malaufgaben: Rechne erst ohne Nullen und hänge die Nullen im Ergebnis wieder an.

9~~0~~ · 2~~00~~ =		Nullen streichen
9 · 2	= 18	
90 · 200	= 18 000	Nullen wieder anhängen

Bei Geteiltaufgaben: Streiche bei jeder Zahl die gleiche Anzahl Nullen.

8 0~~00~~ : 1~~00~~ =		Nullen streichen
80 : 1	= 80	am Ergebnis keine Nullen anhängen
8 000 : 100	= 80	

2 Ein Puzzle hat 15-mal 30 Teile. 11 Puzzleteile fehlen jedoch. Wie viele Puzzleteile sind in der Schachtel? Rechne im Kopf.

Antwort: ____________________

3 Welches Puzzleteil gehört in welche Schachtel?
Rechne die Aufgaben und verbinde.

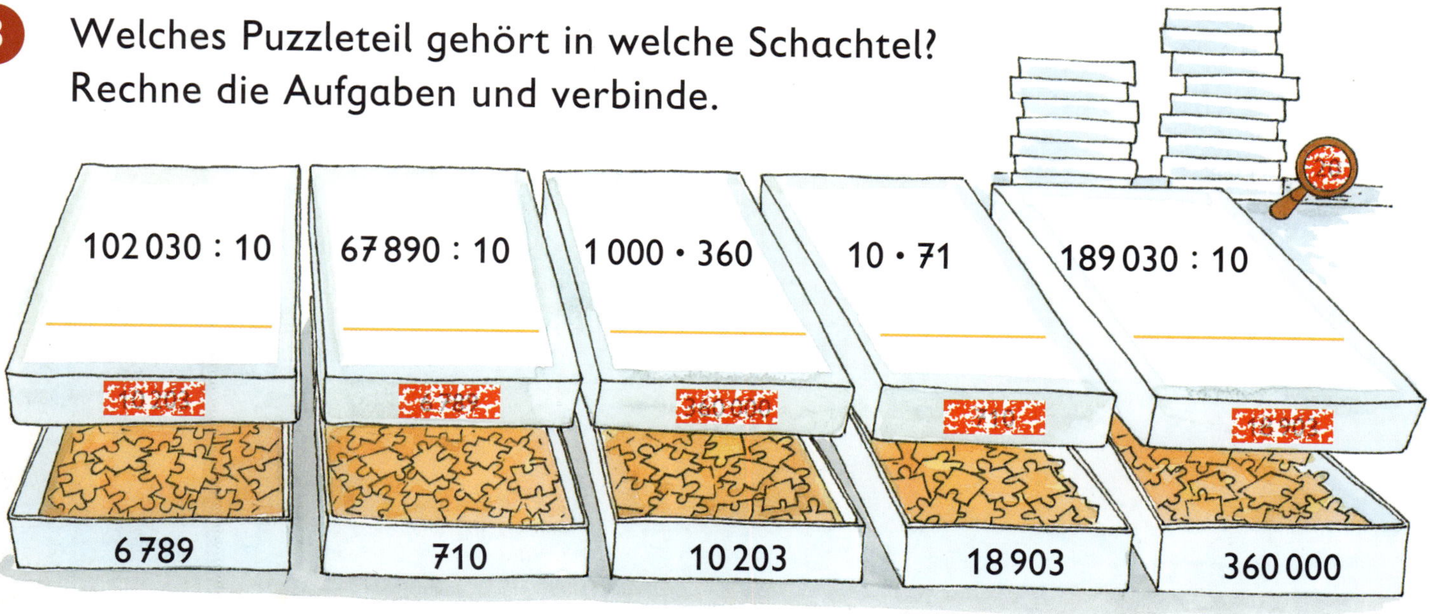

4 Konfetti hat in der Fabrik Puzzleteile gefunden.
Welches davon gehört in die Tüte? Verbinde.

5 Kannst du hier die fehlenden Ergebnisse eintragen?

480 : 10 = ______
7 · 5 000 = ______
8 600 : 100 = ______
3 · 800 = ______

[redacted]

190 000 : 1 000 = ______
100 000 : 1 000 = ______
3 200 : 10 = ______
3 200 : 4 = ______

[redacted]

Rechnen mit Kommazahlen

1 Jonah und Leni sind mit ihrem Vater im Supermarkt. An der Kasse müssen sie **116,51 €** bezahlen. Papa zahlt mit einem 200-€-Schein. Wie viel Geld bekommen sie zurück? Die Regel hilft dir.

______________ Antwort: ______________

______________ ______________

____

Regel Rechne so:

```
  100,00 €     Schreibe Komma
−  46,51 €     immer unter Komma
  1 1 1 1
  ────────
   53,49 €
```

Wenn du mit Zahlen einer bestimmten Einheit rechnest (€, km, s usw.), musst du auch die Ergebniszahl in dieser Einheit aufschreiben.

2 a) Für wie viel € kaufen die Kunden ein? Rechne die Aufgaben schriftlich im Heft und trage hier die Ergebnisse ein.

A	B	C
86,95 € – 24,45 €	77,50 + 23,95 €	39,65 € – 22,40 €
= ________ €	= ________ €	= ________ €

b) Wer hat was gekauft? Trage die passenden Buchstaben von oben ein.

☐ 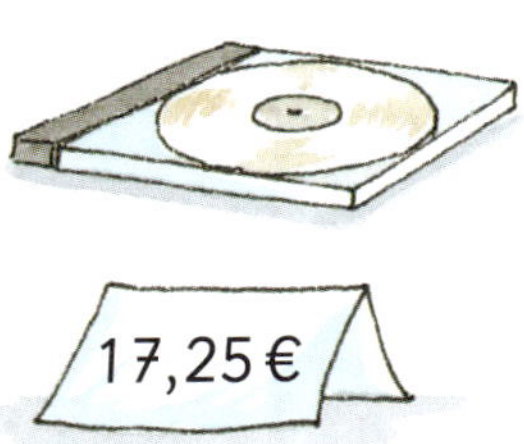

☐ 

☐ 

3 Schreibe die Geldbeträge auf dem Kassenzettel als Kommazahlen.

4 € 12 ct =	4,12 €	[redacted]
87 € 56 ct =	______	
123 € 99 ct =	______	
44 € 45 ct =	______	
79 € 64 ct =	______	
98 € 28 ct =	______	

4 Vor Jonah und Leni steht eine Frau an der Kasse, die 124 € und 69 ct bezahlen muss. Sie gibt der Kassiererin drei 50-€-Scheine.

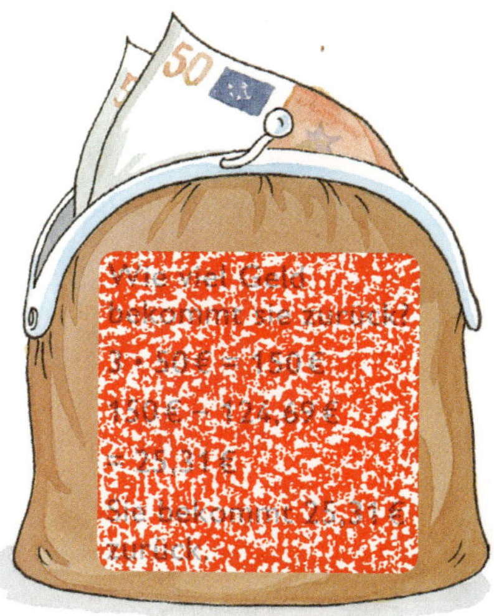
[redacted]

Frage: ______________________

____

____

____

Antwort:

____

____

5 Die Kasse im Supermarkt spielt verrückt und spuckt falsche Ergebniszahlen aus. Rechne die Aufgaben in deinem Heft nach und finde die Fehler.

21,78 € · 7 =	150,54 €	[redacted]	179,34 € : 6 =	31,20 €	[redacted]
91,15 € · 4 =	364,60 €		533,28 € : 8 =	66,70 €	
15,07 € · 7 =	110,51 €		103,81 € : 7 =	14,83 €	

Gleichungen

1 Der Zauberer lässt bei seiner Zaubervorführung ein paar Zahlen verschwinden. Weißt du welche? Setze die fehlenden Zahlen ein.

50 · ______ = 30 000

______ + 2 145 = 6 975

______ − 48 630 = 41 370

______ : 70 = 7 000

6 800 + ______ = 7 008

320 000 − ______ = 200 300

Tipp Bilde die Umkehraufgabe, wenn du bei einer Gleichung nicht die Ergebniszahl, sondern eine andere Zahl ausrechnen möchtest.
Beispiel: 5 · ? = 245
Rechne: 245 : 5 = 49

2 Ergänze die fehlenden Rechenzeichen in den Kästchen.

7 800	☐	2 200 = 10 000	8 500	☐	5 300 = 3 200
3 130	☐	59 = 3 189	7 500	☐	490 = 7 010
25 700	☐	600 = 26 300	39 770	☐	500 = 40 270
4 440	☐	40 = 111	91	☐	80 = 7 280
730	☐	28 = 20 440	9 345	☐	15 = 623

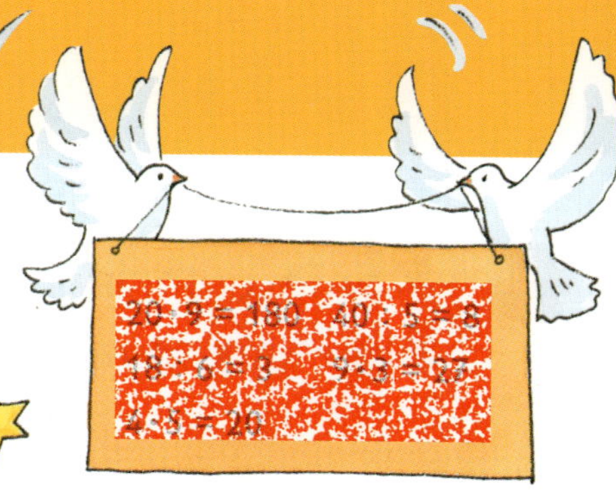

[redacted]

3 Suche jeweils drei passende Sterne für eine Mal- oder Geteiltaufgabe (senkrecht, waagrecht, diagonal).

4	6	18	6	3	5
15	2	12	1	42	4
60	21	17	40	5	8
9	3	27	20	9	180

4 · 15 = 60

4 Welche Zahlen müssen eingesetzt werden, damit die Wippen im Gleichgewicht sind? Schreibe die Gleichungen auf die Linie.

3 500 + 2 500 = 10 000 – ____

400 : 8 = ____ : 80

[redacted]

[redacted]

4 Male die Zauberhüte mit dem gleichen Ergebnis jeweils in derselben Farbe an.

380 : 5 [redacted]

639 : 9 [redacted]

228 : 3 [redacted]

14 · 14 [redacted]

568 : 8 [redacted]

1 372 : 7 [redacted]

Vielfache und Teiler

1 Konfetti springt in unterschiedlichen Schritten über das Hunderterfeld.

a) Kreise alle Vielfachen von 2 blau ein.

b) Zeichne um alle Vielfache von 5 ein rotes Quadrat.

c) Markiere alle Vielfachen von 10 mit einem grünen Dreieck.

1	(2)	3	(4)	5	6	7	8	9	10
11	12	13	14	15	16	17	18	19	20
21	22	23	24	25	26	27	28	29	30
31	32	33	34	35	36	37	39	40	50
41	42	43	44	45	46	47	48	49	50
51	52	53	54	55	56	57	58	59	60
61	62	63	64	65	66	67	68	69	70
71	72	73	74	75	76	77	78	79	80
81	82	83	84	85	86	87	88	89	90
91	92	93	94	95	96	97	98	99	100

[redacted]

2 Schau dir das Hunderterfeld noch einmal genau an. Vervollständige dann die folgenden Sätze:

a) Ich kann eine Zahl durch 2 teilen,
wenn die letzte Ziffer eine 2, ______ ist.

b) Ich kann eine Zahl durch 5 teilen,
wenn die letzte Ziffer eine ______ ist.

c) Ich kann eine Zahl durch 10 teilen,
wenn die letzte Ziffer eine ______ ist.

Achte auf die farbig markierten Zahlen im Hunderterfeld.

[redacted]

3 Welche Zahlen sind gleichzeitig Vielfache von 2 und 5 und 10? Kennzeichne sie im Hunderterfeld.

[redacted]

4 Der Clown jongliert mit allen Zahlen, die durch 3 teilbar sind. Welche sind es? Unterstreiche sie. Die Regel hilft dir beim Rechnen.

Regel Eine Zahl ist durch 3 teilbar, wenn ihre Quersumme durch 3 teilbar ist. Man bildet die Quersumme einer Zahl, indem man alle Ziffern der Zahl addiert.

Beispiel: Die Quersummer der Zahl 294 ist 15, denn 2 + 9 + 4 = 15. 15 ist durch 3 teilbar. Also ist auch die Zahl 294 durch 3 teilbar.

5 Trage alle Teiler in die Blütenblätter ein.

[redacted] [redacted] [redacted]

1 Addiere jeweils die Zahlen gleichfarbiger Seifenblasen miteinander. Beginne mit Blau.

Blau: ______ Rosa: ______ Grün: ______ Gelb: ______

Tipp Wenn du die Rechenregeln nicht mehr weißt, schau noch einmal vorne nach.

2 Rechne die Aufgaben.

987 230 − 66 350 = ______

753 854 − 587 421 = ______

739 105 − 563 201 = ______

852 063 − 99 821 − 666 = ______

460 250 − 30 325 − 8 052 − 331 = ______

3 Zähle von 125 bis 300 in 25er-Schritten weiter und klatsche oder hüpfe dazu.

4 Löse die Multiplikations- und Divisionsaufgaben.

7 · 8 = ______

70 · 8 = ______

700 · 80 = ______

240 000 : 600 = ______

240 000 : 6 000 = ______

24 000 : 6 000 = ______

[redacted]

5 Leo denkt sich eine Zahl: Sie entsteht, wenn du 589 mit 6 multiplizierst, 5 214 addierst, diese Zahl durch 4 dividierst und noch mal 437 subtrahierst.

______ ist die gesuchte Zahl.

[redacted]

6 Finde in jeder Spalte eine Zahl, die durch 5 teilbar ist. Teile die Zahl durch 5 und notiere das Ergebnis auf der Linie.

158 702	796 301	202 089
50 360	304 755	301 405
503 604	250 433	334 518
______	______	______
[redacted]	[redacted]	[redacted]

Knack den Code

Auf jeder Doppelseite findest du eine kleine braune Lupe. Darin steht jeweils eine Zahl.

- Schreibe die Zahlen nacheinander auf die Linien.
- Ersetze sie dann durch die Buchstaben, die auf dem Zettel versteckt sind: zum Beispiel 7 durch den Buchstaben B.
- Trage jeweils den passenden Buchstaben unter der Zahl ein. Wie heißt der Lösungssatz?

15 ___   ___ ___ ___ 20   24 ___ ___

___ 24 ___ ___ ___ 24 ___ ___ ___ ___ 3 ___ !

Hast du den Lösungssatz ermittelt? Dann kannst du online spielend weiterlernen auf scoyo.de. Notiere hier der Reihe nach die Buchstaben aus den grün markierten Feldern im Lösungssatz.

Besuche im Internet die Seite www.scoyo.de/ravensburger und gib dort die Buchstabenkombination aus dem Heft ein. Über 4000 Lerngeschichten und mehr als 10 000 Übungen und Tests warten auf dich.

Viel Spaß beim Lernen mit scoyo wünschen dir deine Lern-Detektive.

* Keine Vertragsbindung, keine Verlängerung – Kinder können scoyo 14 Tage lang völlig unverbindlich und kostenfrei testen. Die Testphase endet automatisch und ist mit keinerlei Verpflichtungen verbunden. Eine Kündigung ist nicht erforderlich